AF454682

DE LA

RAGE CANINE

ET DES

DANGERS AUXQUELS ELLE NOUS EXPOSE

DE LA VALEUR DES DIFFÉRENTS MOYENS EMPLOYÉS

POUR LA PRÉVENIR

PAR

M. BREDIN

LYON

IMPRIMERIE DE REY ET SÉZANNE

rue Saint-Côme, 2.

1864

AVANT-PROPOS

Je n'étais, de prime abord, nullement dans l'intention de faire imprimer moi-même ce travail, qui a fait précédemment l'objet d'une lecture à la séance publique de la Société protectrice des animaux, siégeant en notre ville, et devait, en conséquence, trouver place en son compte-rendu. Comment n'en a-t-il pas été ainsi, je l'explique plus loin; qu'il me suffise de dire ici, qu'en me chargeant de cette lecture, je croyais obéir à un devoir impérieux ; si, comme tant d'hommes compétents le pensent avec moi, la rage, qui de temps à autre se communique encore de certains animaux à l'homme, n'est un danger réel pour lui que par suite des nombreux préjugés qui l'environnent et la voilent à notre appréciation, lorsque le moindre soupçon suffirait souvent pour le mettre à l'abri de ses atteintes, n'est-ce donc point une obligation positive pour tous ceux que les circonstances ont éclairés, de refléter la lumière autour d'eux, quand ils le peuvent ; tel a été l'unique mobile qui m'a déterminé à sortir de l'oubli où je me renferme autant que possible, quand ma conscience me le permet.

Je n'avais donc, j'en conviens, aucun point nouveau à révéler à la science à ce sujet, et si j'eusse voulu faire un cours *ex professo*, sur cette affreuse maladie, le lieu, je l'avoue, eût été mal choisi ; ne voulant donc que combattre certaines erreurs populaires partout accréditées et dont, mieux qu'un autre, je suis placé pour apprécier les dangers, j'ai pensé qu'il convenait, en la circonstance, après avoir exposé quelques considérations générales aussi brèves que possible, de ne faire que citer des faits, raconter des histoires propres à éclairer la question de tout le jour que je pouvais lui donner. Cette forme offrait l'inappréciable avantage de capter l'attention de mon auditoire, de frapper son imagination et d'y graver, mieux que ne l'eût pu faire le meilleur exposé méthodique, ce que je croyais utile de répandre, et n'avait que le seul inconvénient d'entraîner forcément un peu plus de longueur.

Ce mémoire fait à la hâte, pour être lu à jour fixe, à une époque de l'année où je suis ordinairement très-occupé, où je l'ai été encore plus que de coutume, gagnerait, sans doute, à être revu et retouché ; mais, d'une part, après l'avoir relu, il m'a paru rendre à peu près ce que je voulais dire et l'exprimer assez clairement pour être compris de tous, et c'est, avant tout, ce que je lui demande ; d'autre part, certains propos peu bienveillants me forcent de le laisser tel qu'il a été lu, et très-exactement tel que j'en ai déposé moi-même le manuscrit entre les mains de notre Président, qui, en me le rendant, eut la gracieuseté de me répondre : Aussi s'est-on bien repenti d'avoir eu l'indulgence d'en permettre la lecture. — A ce propos, qu'il me soit permis de lui rappeler qu'après avoir lu devant lui mon manuscrit, avant la séance publique, et quand il était encore temps d'y faire toutes corrections ou modifications désirables, je me suis approché de lui et lui ai demandé s'il avait quelques observations à faire à ma lecture, et qu'il m'a répondu : Aucune, si ce n'est, comme vous l'avez observé vous-même, certaines répétitions faciles à corriger et de peu d'importance (1).

J'ignore complètement ce qui a pu porter un homme, dont chacun connaît la bienveillance habituelle, à être si désobligeant à mon égard ; je ne me rends pas mieux compte de ce qui a pu pousser l'un de nous, dont pourtant je suis éloigné de vouloir incriminer les bonnes intentions, à me susciter une opposition rétrospective, sur une chose jugée à l'unanimité, quand il s'est abstenu, au seul moment où il était opportun et convenable de la faire, alors qu'une rectification eût été acceptable, obligée même. Avouons que voulant chercher une mauvaise chicane à quelqu'un, on ne s'y prendrait pas autrement. Au reste, la phrase incriminée n'exprime très-

---

(1) Quelqu'un à qui j'adresse quelques lignes un peu plus loin et qui s'est énormément inquiété de cette affaire, y apportant le déplorable esprit qui le caractérise essentiellement et qui n'échappe qu'à ceux qui ne le suivent pas de près, affirme et répète que notre président aurait eu l'idée ingénieuse de faire copier le manuscrit que je lui avais confié, de peur que, modifiant la phrase qui a fait éliminer ma lecture du compte-rendu, je n'arrive, en imprimant mon mémoire, à déverser sur eux un ridicule immérité. L'on est généralement porté à croire des autres ce que l'on n'est pas éloigné de faire soi-même. Que celui donc qui colporte si complaisamment cette nouvelle soit capable de penser à une pareille chose, je le comprends, mais qu'elle soit arrivée à l'esprit de notre président, je le crois moins. Ce serait avoir bien peu de tact que de m'avoir hanté quelquefois et de me croire capable d'un fait si peu digne. Si dans ma phrase il y avait quelque chose à changer pour atteindre un tel résultat, soyez sûr que je n'aurais pas attendu que les choses en vinssent là, je l'aurais modifiée à première réquisition de l'un de nous, aux bons offices duquel j'allais recourir.

positivement, comme j'espère le prouver, que ce qu'ont dit et répété avant moi, non-seulement les philosophes de tous les temps, mais avec eux tous les Pères de l'Eglise.

Les débats que tout cela a amenés me sont encore complètement incompréhensibles, et j'ai beau m'interroger, je ne crois avoir fait, en tout le cours de cette affaire, que très-exactement ce que je devais, et ose même espérer que tous ceux de nos collègues qui sont de bonne foi, y compris celui qui a fait naître cette opposition, et qui peuvent avoir pris parti contre moi en ceci, parce qu'ils ne se sont pas suffisamment rendu compte de l'enchaînement des faits, le comprendront en me lisant avec quelque attention.

Bien que rien ne puisse altérer mon dévouement à notre Société, dan laquelle je ne suis entré que parce que j'approuve entièrement son but, j'avoue que j'avais déjà manifesté mon intention de cesser de faire partie du comité d'administration, en y voyant arriver un homme, qu'à tort ou à raison, je regarde comme inséparable du commérage et des caquets, et dont l'aménité feinte ne saurait me tromper, bien qu'il soit on ne peut plus incapable de braver quiconque en face, à moins que ce quiconque soit complètement à bas ou qu'il ne le croie; car ce n'est pas plus le bon sens que le bon vouloir qui le caractérisent. La présence de tels gens, quand je les ai devinés, m'est tellement désagréable, que je les fuis dès que je crois le pouvoir; mais je l'affirme, cela, sans haine et sans fiel; je leur touche même parfois la main à l'occasion, non sans quelque effort pourtant; puis-je donc en vouloir au serpent d'être serpent et d'obéir aux entraînements de sa nature. En supposant, comme au fond j'en ai la conviction, qu'il fasse forcément de tout une question purement personnelle et que moi je ne puisse le faire de rien, devrais-je donc m'en glorifier bien fort? Non, car j'ignore encore ce qui m'aurait amené là et ce qui ferait qu'il n'y serait point encore arrivé; mais je reste très-persuadé que chacun doit y venir, Dieu sait quand et comme.

Si celui à l'adresse de qui j'écris ces lignes veut bien se reconnaître, et qu'il désire savoir pourquoi, en cette occasion, je ne pousse pas l'indulgence jusqu'au silence absolu, me retirant purement et simplement comme j'en ai eu l'intention, je suis prêt à le lui articuler en face. En tout cas, qu'il ne se figure pas que c'est uniquement parce qu'il est allé raconter, partout devant lui, ce qui a trait à cette affaire, en donnant aux faits la couleur qu'il lui convenait qu'ils eussent, demandant à chacun, avec une expression qui ne laissait pas d'équivoque: N'est-il pas vrai qu'après un pareil affront il ne peut moins faire que de donner sa démission. —Tout cela de lui ne m'impressionne que peu et ne m'étonne pas du tout. Je le connais de longue date et le retrouve là, tel que je l'ai observé en toute circonstance, et cela même lorsqu'il s'agissait de gens auxquels il devait encore plus d'égards et de reconnaissance qu'à moi. Qu'il se tranquillise et s'arrange donc pour qu'on ne me renomme pas, il peut être certain que je ne donnerai pas ma démission; mais qu'il sache que je suis peu sensible aux affronts qui ne me viennent pas de moi, et, qu'en tout cas, mon concours ne fera point défaut à une Société qu'il me paraît du devoir de tout homme de cœur de favoriser de tout son pouvoir.

DE LA

RAGE CANINE

ET DES

DANGERS AUXQUELS ELLE NOUS EXPOSE

DE LA VALEUR DES DIFFÉRENTS MOYENS EMPLOYÉS

POUR LA PRÉVENIR

De toutes les conquêtes que l'homme a faites et consolidées sur cette planète où il est condamné à vivre, sans comprendre ce qui l'intéresse le plus, sans se connaître lui-même, où toujours et partout nécessité fait loi pour lui, aucune incontestablement n'a plus d'importance et n'établit mieux sa supériorité sur tous les autres êtres qui lui disputent les produits et les jouissances matérielles de cette terre, que celle des différents animaux qu'il s'est assujettis et dont il use, à son profit, comme d'une propriété incontestable. En vain voudrait-on, aujourd'hui, à l'exemple de certains brahmines, l'y faire renoncer. Chaque voix, du milieu de nous, répondrait à ce moraliste timoré : Et le moyen de faire autrement, le moyen de ne pas manger nos animaux, sans nous exposer nous-mêmes à être dévorés par eux, ou du moins de les laisser vivre en paix au milieu de nous, sans les asservir, se les approprier, les modifier et en régler la production selon nos besoins. Ce droit est donc, dès lors, aussi incontestable que quelque chose que ce soit, en ce monde de doute et de contradiction, et ce Dieu de l'univers que nous cherchons en vain, que tout nous atteste et que rien ne nous fait comprendre, nous a, sans aucun doute, placés lui-même dans cette nécessité absolue, qui, je l'avoue, m'indignerait, si je n'avais en lui la confiance la plus entière, si je n'étais intimement persuadé que, malgré les apparences souvent contraires, il doit avoir fait tout pour le mieux et que la douleur elle-même, encore si incompréhensible pour nous, n'est que parce qu'elle a son indispensable utilité (1).

---

(1) Nous sommes arrivés au point où je dois expliquer comment ce mémoire n'a pu trouver place dans le compte-rendu de la séance publique où il a été lu, et le voici :

A peine avais-je ébauché mon œuvre que, doutant encore d'avoir bien saisi la forme convenable pour exposer ce que j'avais à dire à notre public, je fus la soumettre à deux

J'ai cru voir qu'ici chacun de nous élevait Dieu jusqu'à la hauteur où son intelligence pouvait atteindre, et l'adorait comme il le comprend. Pour moi, je ne puis admettre la toute-puissance sans la bonté, la bonté intelligente sans un but à toute chose; qu'un seul des êtres que Dieu a créés puisse souffrir, sans que sa souffrance lui soit profitable d'une façon quelconque mais sérieuse, me paraît complètement indigne de la grandeur de Dieu; dès lors, je le confesse, je crois à l'immortalité pour tout être qui a senti, souffert, compris, aimé ou espéré à quelque degré que ce soit, et c'est là ce qui me console de tout le mal, indispensable, que je vois faire chaque jour, comme de celui que je me crois obligé de faire moi-même quelquefois; mais mon optimisme est loin de me dispenser de combattre toute souffrance que l'on peut raisonnablement épargner.

Que celui qui, seul ici, en comprend le but et la portée, la dispense selon

---

d'entre nous que je crus hommes à bon conseil; l'un d'eux surtout, comme médecin, me semblait propre à en juger et le fond et la forme; tous deux l'approuvèrent, lui surtout; il me conseillait pourtant de modifier cette phrase: « Ce Dieu de l'univers que nous cherchons en vain, etc., etc. », prétendant qu'elle était de nature à effaroucher certaines consciences timides. Je combattis son sentiment là-dessus, ne pouvant le partager, mais il persista. Je m'attendais, dès lors, à avoir à défendre, contre ses attaques, ce point de ma rédaction quand, comme il est d'usage, je devais soumettre mon travail au comité, avant de le lire en public; je m'y préparais, très-résigné pourtant à me soumettre à l'avis de la majorité. Mais à ma grande surprise et à mon grand contentement, aucune objection ne me fut faite à ce sujet, et ma phrase fut dès lors lue exactement telle, en séance publique, après quoi le comité réuni décida, à l'unanimité, que non-seulement ma lecture serait imprimée au compte-rendu, comme à l'ordinaire, mais que, vu l'importance de donner aux vérités que je venais d'exprimer, la plus grande publicité possible, le nombre des exemplaires ordinairement tirés chaque année seraient exceptionnellement triplé.

Celui aux soins duquel devait être remis mon manuscrit, pour qu'il fût imprimé, était précisément celui de nos collègues qui m'avait d'abord cherché chicane, au sujet de cette phrase. Quand je fus lui remettre mon manuscrit, il recommença ses instances; je ne cédai pas plus que la première fois. Alors, sans se soucier d'une double sanction deux fois unanime, il finit par me déclarer que si je persistais, je les forcerais à ne pas imprimer de compte-rendu. Ce veto malséant et tant soit peu absolu amena, entre le président, alors à Paris, le vice-président et lui, ainsi qu'entre eux et moi, un échange de lettres et de pourparlers qui ne purent me faire consentir à modifier une phrase à laquelle, selon moi, il n'y avait rien à changer et qui devait être imprimée telle qu'elle avait été lue. Notre vice-président, toujours si bon et si conciliant, me proposa de trancher ce différent, en retranchant de ma lecture l'introduction où se trouvait la phrase en question. C'était faire de ma lecture un hors-d'œuvre, je n'y pus consentir. La Commission se réunit alors et crut trancher la question, en arrêtant que l'on n'insérerait au compte-rendu qu'un résumé de mon travail; je ne pus y souscrire qu'à la condition fort juste, ce me semble, de donner catégoriquement à nos lecteurs connaissance de l'enchaînement de faits qui avait fait adopter cette mesure en fin de compte; c'était se flageller soi-même; on ne put y consentir et dès lors on se contenta d'imprimer: « *M. Bredin, membre du comité d'administration, lit un mémoire sur la rage et sur les moyens de prévenir cette déplorable affection*, sans s'inquiéter de dire pourquoi, par exception pour moi seul, l'on ne faisait plus à ma lecture, d'abord si bien accueillie, les honneurs de l'impression. Vous avouerez que ce sont là choses qui ne se font généralement pas en bonne compagnie. Je me suis donc vu forcé d'imprimer mon mémoire et de donner moi-même les explications que l'on me refusait.

Ce conflit, dont le fond m'échappe peut-être, me rappelle malgré moi, comme je l'exprimai à notre vice-président, les graves contestations survenues entre les gros et les ses vues : nous, nous ne sommes excusables de l'imposer, même à l'être le plus infime, que quand elle est sérieusement utile.

C'est donc comprendre et remplir un devoir ; c'est rendre un juste tribut d'hommage à ceux qui poussent l'humanité dans une voie de douceur et de commisération envers tout ce qui peut souffrir..., surtout envers nos animaux domestiques ces esclaves obligés de notre imperfection, que de nous trouver réunis, en cette enceinte, pour élucider toutes les questions qui, de près ou de loin, tendent a ce but.

Mais, vous le savez comme moi, il n'est pas si bonne chose en ce monde, qui, du plus au moins et d'un côté ou de l'autre, n'ait ses inconvénients, et cette conquête qui fait très-certainement notre plus grande richesse et la source principale de notre bien-être, ces animaux eux-mêmes, si précieux qu'ils nous soient, ne deviennent-ils pas chaque jour, pour nous, la cause

---

petits boutiens (sic) qui bouleversèrent si profondément l'empire des infiniments petits du royaume de Lilliput, visité par Gulliver.

Je le demande enfin à tous ceux qui savent comprendre et juger, en quoi le sens de ma phrase diffère-t-il donc de ce que dit St-Augustin, quand il s'exprime ainsi : *Dieu est un être dont on parle sans en pouvoir rien dire, et qui est supérieur à toutes les définitions.*

Lisez, au reste, la définition que donne de Dieu l'un des plus grands génies du monde, Newton : *Philosophiæ naturalis principia*, et qui fait dire à Nicolas, dans un livre qui, non-seulement a fait beaucoup de bruit, mais classe son auteur au nombre des catholiques les plus éclairés, et respire d'un bout à l'autre une bonne foi évidente : « Cette « profonde idée de Dieu est insaisissable à notre esprit, il est vrai, et tout le génie de « Newton ne peut que balbutier, en cherchant à le définir. Mais il n'en est par là que « mieux défini, selon la belle pensée de Tertullien : Rien ne donne une idée de Dieu plus « magnifique que l'impossibilité de le comprendre ; son infinie perfection le découvre et le « cache à la fois aux hommes. (Apolog. 17). »

Mais Nicolas lui-même nous explique-t-il mieux Dieu, quand il dit : « Or, cet être infini « par essence, actuellement existant, comme l'idée que j'en ai dans mon esprit, ou plutôt « dont cette idée n'est que la présence, la vue immédiate ; c'est ce que nous appelons « Dieu. » (*Etudes philosophiques sur le Christianisme*, par Auguste Nicolas, tome Ier, liv. 2, chap. II, page 116

Mais nul ne le nie, un Dieu en trois personnes est un mystère, et Leibnitz nous dit : « Les « esprits modérés trouveront, dans nos mystères, une explication suffisante pour croire « et jamais autant qu'il en faut pour comprendre. (Théodicée, 1). »

Que l'on se rappelle aussi les paroles de St-Paul devant l'aréopage d'Athènes, qui, ayant lu sur un autel de la localité : Au Dieu inconnu, leur dit : « C'est celui-là que vous adorez « sans le connaître, que je viens vous annoncer ; » il ne dit point vous faire comprendre. Plus loin, il dit que ce Dieu a fait les hommes, « afin qu'ils aillent à sa recherche et qu'ils « s'efforcent de le trouver, comme à tâtons, et de le découvrir, quoiqu'il ne soit pas loin « de chacun de nous. (*Actes des Apôtres*, XVII. »

Le Christianisme qui, même aux yeux de ceux qui croient ne pas devoir admettre la divinité du Christ, rapproche évidemment l'homme de Dieu, plus que quelqu'autre religion connue, n'a, que je sache, jamais eu la prétention de faire comprendre Dieu, mais seulement une doctrine divine. Et c'est encore dans Nicolas que je trouve ce passage, tiré du livre de l'Ecclésiastique, chap. XXIV : « J'illuminerai tous les hommes d'une doctrine qui « paraîtra comme la lumière au retour du jour ; » et plus loin : « Je répandrai ainsi de « nouveau ma doctrine par le souffle de mon inspiration, puis je la laisserai en dépôt à « ceux qui cherchent la sagesse. »

Je pourrais multiplier à l'infini les citations de ce genre ; mais il me suffit de celles que j'ai trouvées sous ma main, en feuilletant quelques-uns des volumes contenus dans ma mince bibliothèque ; elles me donnent suffisamment raison.

volontaire ou involontaire des plus déplorables accidents, et comme pour prouver, une fois de plus, la vérité de cet axiome qui dit : Qu'une chose est en général susceptible d'être d'autant plus mauvaise qu'elle est meilleure par elle-même. Le chien, cet animal si bon pour nous, cet ami si dévoué, si fidèle et si courageux, ce gardien toujours vigilant de nos troupeaux, ce défenseur toujours intrépide de notre toit, ce serviteur sans cesse attentif et empressé, le seul parmi tant d'autres qui le soit volontairement et par attachement, ce compagnon intelligent et soumis de nos jeux, de nos combats, de nos dangers dans nos luttes avec d'autres animaux, est, de temps immémorial, exposé à une maladie affreuse autant qu'incompréhensible, qui le rend, non-seulement un sujet d'horreur et de danger quand il en est atteint, mais le laisse un continuel objet de crainte et de suspicion fort légitime; cette affection est celle que nous nommons du nom de *rage* ou de celui d'*hydrophobie*.

Né et élevé dans une école vétérinaire où j'ai passé la plus grande partie de mon existence, tant comme enfant que comme élève ou attaché au corps enseignant que je n'ai quitté que pour me livrer à l'exercice de la médecine vétérinaire, de très-bonne heure ma jeune imagination fut vivement impressionnée par tout ce qui a trait à cette triste et émouvante maladie. Je n'ai donc cessé, pendant tout le cours d'une longue pratique, de voir chaque année un assez grand nombre d'animaux enragés, comme de morsures faites par eux, soit sur d'autres animaux, soit sur l'homme, et j'en ai pu suivre les effets dans les circonstances les plus variées. J'ai vu faire et fait moi-même un très-grand nombre de recherches propres à éclairer la rage, si le jour avait pu se faire. Ma voix doit donc au moins avoir l'autorité de l'expérience, quand je viens l'ajouter à celle de tant d'autres aussi spéciaux et non moins compétents que moi, pour vous dire que la rage n'est réellement un danger, pour nous, que par la fausse idée que l'on s'en fait trop généralement.

C'est moins ici, Messieurs, au point de vue purement médical et scientifique que je crois devoir vous entretenir de la rage, au reste fort peu connue encore de sa nature, qu'au point de vue de tout ce qui peut aider à dissiper les préjugés qui l'environnent, et dès lors ses dangers.

Parmi les causes qui peuvent amener la rage, une seule est suffisamment constatée pour qu'on ne puisse la nier, c'est la contagion.

Quand elle est supposée ne pas avoir cette origine, elle est dite spontanée, et les carnivores seuls y paraissent exposés, le chien et, dit-on, le renard, le loup, le chat; mais dans l'homme et tous les autres animaux, chez nous connus, elle a paru toujours communiquée par d'autres êtres enragés.

J'ignore si l'on a constaté la rage chez le renard : quant aux loups hydrophobes ils n'ont été que trop souvent la cause des plus déplorables accidents, et nous ne pouvons oublier encore cette louve prise de rage qui, près de Lyon, à Crémieux, mordit une cinquantaine de personnes, qui toutes, je crois, succombèrent à cette affreuse maladie, y compris ce courageux jeune homme qui la saisit et la tint par la gueule, pendant que son malheureux père la tuait à coups de couteau.

Je ne puis comprendre, non plus, ce qui a fait admettre par quelques-uns que la rage, chez le chat, était le plus souvent spontanée: les cas de rage chez cet animal sont si rares que l'on n'a pu les bien étudier, et pour mon compte, quoiqu'ayant vécu dans des conditions exceptionnellement convenables pour la constater, j'avoue ne l'avoir jamais observée moi-même, et je me demande si, aux cas que doit amener, de temps à autre, la contagion, s'en joignaient quelques-uns de spontanés, elle serait tout à fait si rare. Les chats sont assez exposés a certaines crises nerveuses, qui ont dû souvent donner le change. C'est du moins ce que j'ai constaté chaque fois que j'ai été appelé pour voir un de ces animaux que l'on soupçonnait être enragé. Un M. Valenaud, de St-Vallier, fut mordu, il y a peu de temps encore, par son jeune chat, et mourut quelque temps après, enragé comme lui: ce n'est pas même le seul fait de rage constaté dans la gente féline, mais cela n'apprend rien sur la spontanéité ou la non spontanéité de la rage chez ce charmant animal.

S'il a été quelquefois possible de pouvoir constater la rage spontanée, c'est de préférence sur le chien qui vit au milieu de nous, et chez qui elle est, malheureusement, très-commune; mais ce n'est que par exception qu'il y vit dans des conditions telles qu'il ne peut avoir été mordu incognito. Aux faits déjà cités et qui tendent à faire croire, chez lui, à la spontanéité de cette affection, je puis en ajouter un qui date de l'été dernier; il me paraît revêtu d'un caractère d'infaillibilité qui me semble manquer à la plupart des autres. Ainsi j'ai constaté la rage sur un fort chien de garde, âgé de 2 ans, né dans un couvent de dames, dont il n'est sorti que pour être transporté, à l'âge d'environ 2 mois, dans un autre couvent du même ordre, où constamment il a vécu dans des conditions de réclusion telles qu'il me paraît de toute impossibilité qu'il ait pu être approché par aucun autre chien, si ce n'est par un compagnon vivant depuis le même temps, dans les mêmes conditions, et qui du reste n'a jamais accusé le moindre signe de rage (1).

En admettant la rage spontanée, il faut nécessairement lui reconnaître des causes; mais, avouons-le, elles sont complètement ignorées. L'on accuse pourtant les grandes chaleurs, la sécheresse, les privations de manger et surtout de boire, certains désirs inassouvis, mais sans aucun fait précis à l'appui de ces assertions, et les pays les plus chauds, les plus secs, ne sont pas ceux qui en offrent un plus grand nombre d'exemples, témoin l'Egypte où l'on affirme qu'elle est encore inconnue, et l'Algérie où, dit-on, elle ne l'est que depuis que nos chiens paraissent l'y avoir importée, et si l'hiver on constate un peu moins de cas de rage que l'été, la différence n'est pas très-grande; le printemps, mais surtout l'automne, en font voir un plus grand nombre que l'été; il ne paraît pas non plus que les chiens mal soignés, mal nourris y soient infiniment plus exposés que les autres.

Ce que j'ai cru observer, c'est que soit que la rage communiquée attende le plus souvent, pour se déclarer, une certaine constitution atmosphérique qui lui convient surtout, soit que cette certaine constitution de l'atmosphère en soit la cause déterminante quand elle est spontanée, on la voit apparaître plus communément à l'approche des temps d'orage; il est assez rare aussi qu'un cas de rage soit un fait isolé dans le chien.

A de rares exceptions près, les chiens enragés cherchent à mordre, sinon

---

(1) J'ai, sous l'influence de certaines observations, toujours eu peu de tendance à croire à la rage spontanée. Ce fait a bien ébranlé mes doutes; mais, malgré sa précision apparente, il ne me donne encore qu'une demi-conviction.

au début, du moins à une période plus avancée de la maladie, et ces morsures ont toujours des chances plus ou moins grandes de communiquer la rage, suivant les circonstances dans lesquelles elles ont eu lieu, les morsures faites à travers une étoffe épaisse et serrée, ou un poil long et touffu pouvant essuyer la dent avant qu'elle ne parvienne aux tissus vivants, celles peu profondes et faciles à essuyer, celles d'où s'écoule un sang abondant qui, lavant la plaie, peut la débarrasser du virus, doivent avoir moins de chances de faire éclore la rage (1).

M. Renault, ancien inspecteur des Ecoles vétérinaires de France, rapporte que pendant 24 ans qu'il est resté à l'Ecole vétérinaire d'Alfort, il a fait mordre ou vu mordre, par expérience, 151 chiens, sur lesquels 64, c'est-à-dire bien près de la moitié, sont devenus enragés. Des statistiques faites ainsi me paraissent seules mériter toute confiance, en ce que la morsure est la plus positive et l'état de l'animal qui mord mieux constaté.

Dans l'homme, ce nombre est beaucoup moins grand, cela se comprend; il combat à peu près toujours les effets d'une morsure dont il soupçonne l'auteur enragé. Mais ma conviction est qu'à peu près toutes les morsures faites par les animaux pris de rage amèneraient cette triste maladie, si l'une des circonstances que j'ai citées ne venait en détruire les effets, comme j'ai la conviction aussi que le moindre caustique immédiatement et convenablement appliqué, rend ces morsures sans aucun danger de rage.

Si à peu près tous ceux qui, en différentes circonstances, furent mordus par des loups enragés, le devinrent eux-mêmes, est-ce donc, comme on l'a prétendu, parce que la rage est chez eux toujours spontanée ? Non ; personne n'a pu constater si la rage spontanée est plus contagieuse que l'autre, et l'on ne sait pas même si, chez le loup, la rage est toujours spontanée, puisque, vivant de proie, il peut si facilement être mordu par un chien enragé, en voulant le dévorer. N'est-il pas infiniment plus probable que cela tient à la gravité même des blessures faites, du reste, presque toutes à la face et au milieu des champs, loin de tous moyens prophylactiques.

Pour que l'inoculation ait lieu, il suffit que la salive qui paraît contenir le virus soit déposée sur une partie de la peau dépourvue d'épiderme.

L'un de nos confrères, qui fut aussi l'un de nos élèves, paraît s'être inoculé la rage en fouillant la gueule d'un chien enragé, que l'on croyait avoir un os au gosier, mais ce n'a pu être sans qu'il eût une excoriation à la main, ou qu'il se la fût faite contre les dents de l'animal qui, du reste, ne chercha point à le mordre. Ce fait, cité par M. Bouley lui-même, prouve au moins, contre son opinion, que cette maladie n'est pas toujours si facile à reconnaître.

---

(1) Depuis ma lecture, un honorable magistrat de notre ville m'a raconté que le loup enragé, qui fit tant de mal à Dardilly et dans les environs, fut tué à Donmartin par deux habitants, qui le voyant arriver à eux, eurent l'idée de se cacher derrière des arbres et d'en sortir tout-à-coup, voulant l'effrayer: mais l'animal vint à eux, se dressa sur l'un, qui le saisit résolument de chaque côté dans la région des oreilles, et le tint, pendant que son camarade le tuait à coups de hache ; celui qui le tenait ainsi fut amplement mordu aux bras ; mais c'était l'hiver et il avait deux vestes en drap, etc , etc ; il fut le seul préservé de tous ceux mordus, bien qu'il ne fît rien de plus qu'eux, pour combattre le virus de la rage qu'il ignorait encore.

Un malheureux élève de l'école de Copenhague paraît aussi s'être inoculé la rage, le 25 février 1857, en faisant l'ouverture du cadavre d'un chien enragé: il en mourut le 8 avril suivant. Dans toutes nos écoles, les cadavres d'enragés sont ouverts comme tous les autres, sans qu'on ait eu encore à constater un autre accident de ce genre, et malheureusement il n'en est pas de même de la morve, du farcin, de la pustule maligne et du charbon, qui, sans être plus fréquents que la rage, ont fait, à ma connaissance, un grand nombre de victimes parmi nous.

Une seule fois, j'ai vu un chien qui, d'après les renseignements que m'a donné son propriétaire, paraît avoir été pris de rage, après avoir mangé une soupe, où un autre chien enragé avait bavé en essayant de la manger (1).

La rage, après la morsure qui la détermine, met plus ou moins de temps à se développer, sans que l'on sache pourquoi. En général, c'est du quatorzième au soixante et dixième jour, mais quelquefois, par exception, avant et même jusqu'à cinq à six mois après, cela a été suffisamment constaté jusque dans les animaux chez lesquels l'on n'admet point la spontanéité de cette affection; dès lors, le terme de quarante jours assigné par la police, pour la séquestration des animaux mordus, est donc insuffisant.

Signes qui doivent faire soupçonner la rage dans le chien.

Malheureusement cette affection est loin de s'annoncer, chaque fois, de la même manière, et très-souvent, à son début surtout, elle ne mérite pas le moins du monde les noms de rage ou d'hydrophobie qu'on lui a donnés.

Le chien enragé est triste, mais surtout inquiet; il cherche sans savoir quoi peut-être, écoute chaque bruit, surtout les cris de ceux de son espèce, regardant alors, avec des yeux d'envie, du côté d'où ce bruit lui semble venir: il suit aussi, avec la même expression, tout ce qui remue, jusqu'aux mouches qu'il cherche à prendre au passage, et qu'au repos il tient en arrêt. Si souvent il cherche l'ombre et le frais s'y couche et paraît vouloir reposer et dormir, il se relève bientôt comme poussé par un malaise vague qui ne le laisse en repos nulle part; souvent alors il vient à son maître qu'il regarde et caresse comme pour en obtenir assistance contre ce qu'il ressent d'étrange: Attaché ou fermé il crie, de temps à autre, d'une façon inaccoutumée; la voix est rauque et voilée: son cri, une espèce de hurlement, est court, composé de deux ou trois émissions de voix peu distinctes entre elles et interrompues brusquement. Si parfois il écume ou bave, d'autres fois la bouche est sèche, enflammée, livide même ou violacée, surtout dans la rage dite rage mue, parce que les mâchoires, tenues forcément béantes par une contraction permanente, qui s'étend jusqu'au larynx, empêche non-seulement l'animal de mordre, mais même de crier. C'est au reste toujours la même affection avec

---

(1) D'après un fait observé par un de nos confrères, un chien aurait été pris de rage pour avoir mangé la chaire d'un cheval mort enragé dans ses écuries. Le confrère et ami qui a recueilli ce fait et me l'a communiqué m'avait promis de me le donner très-circonstancié; en vain je l'ai attendu et réclamé, et ai même différé longtemps cette publication pour l'insérer ici; j'ai dû y renoncer.

un symptôme de plus ; en ce cas surtout, les propriétaires s'obstinent à croire qu'ils ont un os au gosier ; j'ignore comment ce pauvre Nicolin a pu s'y laisser prendre.

Si le refus de boire et de manger et l'horreur de liquides ne sont pas cons·tants, ils sont au moins bien ordinaires, surtout chez les adultes ; mais pourtant, quelquefois, l'horreur de l'eau est remplacée par une soif inextinguible. Il en est de même du symptôme le plus caractéristique, l'envie de mordre, qui fait aussi parfois défaut complètement. Quand le chien enragé mord, c'est ordinairement d'abord de préférence les autres animaux, principale-ment les autres chiens, et même les chats et les poules, cela très-générale-ment avant de s'adresser à l'homme et surtout à ses maîtres, auxquels il reste le plus souvent soumis encore assez longtemps, et va généralement droit à celui qu'il veut mordre, en le fixant avec une expression de con-voitise plutôt que de fureur, et sans grogner ni menacer, comme sans y mettre d'acharnement, le mord et s'éloigne pour chercher une autre victime.

Dans le chien, la rage paraît toujours continue. J'ai observé des instants d'impatience ; des accès positifs, jamais.

Notre honorable confrère, M. Bouley, dans un très-remarquable rapport lu à l'Académie de médecine, dit qu'au début même la rage se caracté-rise par des mouvements qui font croire à des hallucinations ; l'enragé mord en l'air des objets qui n'existent que dans son imagination. J'affirme avoir très-souvent observé ce symptôme, mais jamais qu'à une période assez avancée de la maladie et quand le délire est complet ; alors il mord tout ce qui l'approche ou l'environne, la pierre, le fer, sa chaîne ou le bois et la paille de sa litière dont, à l'ouverture, l'on retrouve quelques débris dans l'estomac.

L'enragé paraît infiniment moins sensible à la douleur extérieure, et les coups sont à peu près toujours impuissants à lui arracher le moindre cri. Le chien de garde écoute en silence le bruit qui le faisait aboyer.

Une forme assez ordinaire de cette affection et sous laquelle on ne la soup-çonne généralement pas, c'est celle où l'envie de mordre est complètement remplacée par un désir immodéré de caresser.

Je crois devoir vous en citer, ici, deux exemples frappants, sur des sujets bien différents.

L'un de mes amis, Amédée Breban, avait une très-belle et bonne chienne courante, vivant alors, pendant un été, avec ses maîtres, à la campagne, à Reyrieux près Trévoux, d'où la famille Breban est originaire. Tout-à-coup, un matin, de très-bonne heure, ce pauvre animal vient au lit de la mère de son maître, la lèche et lui prodigue à outrance toute espèce de caresses ; la pauvre dame est obligée d'appeler la domestique pour l'en débarrasser ; ce sont alors des flots de démonstrations pareilles à l'adresse de la servante, puis de tous ceux qui arrivent ; en même temps elle refuse de boire et de manger ; trompant enfin la surveillance dont elle était l'objet, elle part pour Trévoux, y va voir tous ceux chez qui son maître la menait parfois, leur prodi-gue à tous les démonstrations les plus affectueuses, sans manifester aucune envie de mordre bêtes ni gens, se dirige ensuite vers une ferme que ses maî-tres possédaient à Chaleins dans les Dombes, à 10 ou 12 kilomètres de là et qu'elle habitait quelquefois, s'arrête en route à une petite auberge d'elle connue, où elle caresse comme ailleurs. Mais cette maladie marche vite ; en trois ou quatre jours, rarement plus, elle parcourt toutes ses périodes pour conduire à une mort à peu près certaine. La pauvre chienne, arrivant à la ferme fort peu avant la nuit, était dans un état tel que, malgré ses caresses, le fermier Girard ne s'y méprit point : il la fit fermer; alors elle devint furieuse, ce qui du reste est assez ordinaire, et on la fit tuer.

Je narrais ce fait à mon ami le docteur Fleuret, qui me dit avoir constaté un fait identique sur une pauvre dame qui, elle aussi, habitait, pendant l'été, près de Lyon, une maison de campagne: elle y fut mordue à la lèvre, par son propre chien qu'elle ne put soupçonner de rage que quelques heures après, quand il mordit de nouveau la domestique, qui eut l'heureuse idée de se laver avec du vinaigre, et l'accident n'eut pas d'autres suites pour elle: mais sa pauvre maîtresse, une quarantaine de jours après, se lève, contre son habitude, de très-grand matin, va au lit de ses enfants, les accable de marques de tendresse, ce qui les frappa tous sans les éclairer pourtant, leur annonce qu'elle est obligée de partir pour Lyon pour un motif qu'elle invente, y va voir toutes ses connaissances auxquelles elle prodigue les démonstrations les plus affectueuses, n'en oublie aucune et va droit à l'hôpital où elle déclare son état dont elle avait parfaitement conscience.

Il suffit pour reconnaître la rage sous cette forme, qui n'est pas très-rare, d'en être averti ; mais dans quelques cas cette affection est, au début surtout, accompagnée de si peu de désordres qu'il peut arriver que le chien enragé n'inspire pas alors le moindre soupçon, lorsque surtout il ne cherche point encore à mordre, ou que, mordant, l'on peut y trouver un motif.

Ainsi je vis à Tournus, pendant que j'y remplaçais un de mes frères qui y était vétérinaire, un beau chien d'arrêt appartenant à M. Meunier alors pharmacien. Ce malheureux animal, tout-à-coup sur les deux ou trois heures de l'après-midi, se prit à mordre tous les chiens à sa portée; mais comme près de là il y avait une chienne en folie, l'on crut qu'il était sollicité à mordre par jalousie. Pourtant enfin son maître le fit attacher dans son laboratoire; quand j'y entrai sur les huit ou neuf heures du soir, il paraissait dormir paisiblement, se leva à la voix de son maître qu'il caressa sans affectation, me caressa moi-même, but de l'eau et mangea deux ou trois morceaux de pain que je lui offris, rien dans son extérieur ne trahissant la moindre altération; j'attendis en vain, espérant entendre sa voix qui m'eût sans doute éclairé: mais dès que nous l'eûmes quitté il se recoucha et parut dormir. Le lendemain, de bon matin, je le trouvai dans le même état, buvant, mangeant et caressant encore, témoignant seulement un peu plus le désir de sortir, ce qui pouvait paraître naturel après une longue nuit de réclusion: mais, dès que nous le quittâmes, il fit entendre ce cri caractéristique que j'ai depuis si longtemps dans l'oreille, et dès lors j'affirmai la rage malgré les attestations du maître et des commis qui, dans l'envie qu'ils en avaient, m'assuraient que telle était la voix ordinaire de l'animal. Le chien était chasseur, mais comme qu'un chien le soit il ne chasse plus, dès qu'il est pris de rage. Je conseillai donc à M. Meunier de charger son fusil convenablement, de le cheviller au besoin pour assurer le coup, de sortir avec son chien et de le tuer impitoyablement, s'il ne chassait pas. Je vis alors ce pauvre animal détaché, avec cet air anxieux et particulier que je connais dès l'enfance, vouloir mordre chaque chien qu'il rencontrait, mais s'arrêter encore, chaque fois, à l'injonction du maître : il ne chassa pas:

on le ramena pourtant; attaché de nouveau il devint furieux, c'est l'ordinaire, et fut tué (1).

Presque toujours, ou plus tôt ou plus tard, le chien enragé fuit le toit du maître et va au loin propager le virus dont il est dépositaire.

Voulant avant tout rester vrai, je viens de vous esquisser le triste tableau d'une triste maladie, peu propre à calmer les appréhensions que ces pauvres chiens inspirent à tant de gens. Ce n'est pourtant pas là ce que j'ai cherché, et heureusement j'ai à ajouter un correctif très-consolant : c'est qu'il n'est rien de plus facile à combattre que les effets d'une morsure d'animal enragé, et que ne deviennent enragés que ceux qui ne soupçonnent pas l'état de celui qui les mord, ou ceux qui, mordus, loin de tous moyens prophylactiques, ne savent pas ce qu'il y a à faire en pareil cas.

Il n'est qu'un seul moyen à employer contre la morsure d'animaux enragés, c'est la cautérisation ; mais ce moyen est infaillible quand il est convenablement appliqué. Le fer rouge est loin d'être indispensable, et tous les corps, comme lui très-avides d'eau, ont le même effet : les alcalis, les acides tant soit peu concentrés, la pierre infernale, le beurre d'antimoine, etc., etc., l'alcool même, et par conséquent l'eau de Cologne, le vinaigre un peu fort. Quand nous mangeons une salade où domine le vinaigre, nos lèvres blanchissent, parce que l'eau des mucosités qui enduisent toujours la surface de nos lèvres est absorbée, et que le mucus qui le compose, insoluble dans le vinaigre, se coagule et avec lui le virus, s'il existe. Dès lors plus de contagion possible.

S'il arrivait que l'on fût mordu loin de tous secours, dans les champs par exemple, il ne faudrait pas, pour cela, rester inactif. Mordu à un membre, il conviendrait de faire de suite, avec n'importe quoi, une forte ligature au-dessus de la morsure, arrêter ainsi la circulation veineuse et faire bien saigner; dans tous les cas, après s'être soigneusement essuyé, se laver avec de l'urine, si l'on n'avait pas autre chose ; aller de suite à la première ferme, sans se délier, s'y laver à plusieurs reprises avec du vinaigre, faire après cela tout ce que l'on voudra en plus.

J'ai vu un malheureux qui, mordu gravement par un chien enragé, se contenta de mettre la plaie sous le jet d'un fort robinet d'eau, n'être pas préservé; mais je n'ai vu aucun de ceux qui m'ont dit s'être lavés avec du vinaigre ne l'être pas.

Je fus un jour consulté pour deux vieillards, mari et femme, mordus par leur chien enragé ; le mari, mordu le dernier, eut l'heureuse idée de se laver avec du vinaigre, et, comme je l'avais prédit, cette morsure fut sans suite; mais une quarantaine de jours après, je vis sa pauvre femme enragée, encore douce et calme, comme on ne se figure point la rage. Le docteur, venu avec moi, lui dit en la quittant : Allons courage, ce ne sera rien ; elle répondit avec calme : Faut bien espérer ; mais dès que nous fûmes

---

(1) Depuis que j'ai lu ce travail, j'ai pu constater un cas de rage au moins aussi difficile à soupçonner et cela sur un chien de près d'un an, que l'on savait pouvoir avoir été mordu 5 à 6 mois avant, et chez lequel la rage ne fut reconnue que quand l'animal se prit à mordre : son air placide, son nez frais, les soins qu'il mettait à rechercher la chaleur, se couchant contre le foyer, ce que je n'avais encore jamais constaté, les vomissements et la diarrhée, chose nouvelle pour moi en ce cas, remplaçaient la constipation opiniâtre qui accompagne ordinairement la rage. Il est vrai que la diarrhée s'arrêta vite. Tout cela me trompa complètement d'abord.

dehors, l'une de ses filles, qu'elle n'apercevait pas derrière son chevet, l'entendit murmurer distinctement: Oh! non, ce n'est rien, rien du tout, absolument rien, ce n'est tout bonnement que la maladie de mon pauvre chien, voilà tout.

Que l'on ne se figure pas que la rage puisse naître de la peur de la rage; des faits mal observés seuls ont pu y faire croire. Dans l'homme, la rage naît du virus rabique et de lui seul. Un de nos palefreniers, Antoine Fournel, fut un jour mordu à la main, et ce fut là la plus grave morsure par chien enragé que j'ai vue de ma vie. En général, les chiens enragés ne cherchent point à faire de profondes blessures. Je cautérisai moi-même ce pauvre garçon, avec le plus grand soin et l'affirmai qu'il n'avait rien à craindre : pourtant une cinquantaine de jours après, il prit une espèce de fièvre maligne qui fit d'abord croire à la rage, et qui, à une époque où cette affection était moins connue, eût passé pour telle, surtout s'il en était mort, ce qui heureusement n'arriva pas.

La cautérisation sous le poil de nos animaux est souvent assez difficile, et c'est pour eux que d'abondants lavages avec du vinaigre, sur la partie mordue, conviennent surtout. J'ai eu deux chiens à moi mordus, sous mes yeux, et très-sérieusement, par des chiens enragés. Ce moyen m'a réussi parfaitement (1).

Restons donc bien d'accord que, devant une morsure par animal que l'on peut soupçonner atteint de rage, il faut se cautériser au plus tôt et le plus complètement possible; mais si l'on ne le peut immédiatement, se servir, en attendant, des caustiques que l'on a à sa portée, qu'en tout cas les lavages d'alcool, d'eau de Cologne, de vinaigre, doivent au moins être employés chaque fois que l'on est mordu par un animal, ne parût-il pas du tout enragé.

---

(1) Si je n'ai point parlé du temps que l'on peut laisser écouler, sans danger, entre la morsure et la cautérisation, c'est que je ne suis pas fixé là-dessus ; malgré les expériences de M. Renault, qui me paraissent peu concluantes, j'ai constaté bien souvent que les morsures faites sur les parties couvertes de poil sont si difficiles à voir, qu'il est facile de laisser une légère égratignure sans cautérisation, ce qui suffit pour amener la rage. J'ai vu cautériser, et cela souvent, plusieurs heures après, et quand la cautérisation avait été bien faite, je n'ai jamais vu arriver la rage. L'individu que j'ai cité comme étant devenu enragé, quoiqu'ayant mis sa plaie immédiatement sous le jet d'un fort robinet, avait été cautérisé moins de deux heures après, m'a affirmé le docteur qui a pratiqué cette opération. J'affirme que le mordu que je rencontrai le lendemain m'a dit n'avoir rien fait autre. Ne s'est-il fait cautériser que le lendemain, disant à son médecin que la morsure était récente, je l'ignore.

Je tiens de MM. L... frères, fils d'un des administrateurs de l'hospice de Grenoble, qu'il y a une quarantaine d'années, trois malheureux tuèrent une louve enragée à Goncelin, à 20 ou 30 kilom. de Grenoble, et furent apportés, m'assurèrent-t-ils, à l'hôpital de cette ville, le lendemain seulement; en tout cas, vu la distance et le manque de moyens de transport, au moins 5 à 6 heures après, ils furent cautérisés en arrivant. Deux furent seuls préservés de tous ceux mordus par cet animal. Celui qui fut cautérisé, comme ses camarades, est devenu enragé, a avoué avoir dissimulé une plaie, pour éviter les souffrances de la cautérisation.

Selon moi, la cautérisation doit être employée même plusieurs jours après.

Mesures générales contre la rage canine.

J'ai vu prendre plusieurs mesures contre cette affection, d'abord l'arrestation et la séquestration de tous les chiens errants, non munis de certaines plaques officielles, et leur abattage s'ils n'étaient réclamés au bout d'un certain temps. Cette mesure avait incontestablement de très-grands avantages, mais elle avait aussi des inconvénients qui y ont fait renoncer pour l'empoisonnement, plus facile et moins coûteux, il est vrai, mais qui nous donne, de temps à autre, le douloureux spectacle d'un pauvre animal se débattant dans d'affreuses convulsions , au milieu d'un rassemblement d'hommes, de femmes et d'enfants, dont les uns rient et cherchent, par des lazzis cyniques, à faire rire la foule, où d'autres, plus humains, témoignent, par leur expression, un sentiment de peine qui semble protester contre la cruauté de cette mesure. Alors souvent on voit un homme, une femme, une jeune fille, un petit enfant ou quelquefois même une famille tout entière, les larmes aux yeux et le désespoir au cœur, faire de vains efforts pour soulager leur cher animal, pour lequel le moindre attouchement entraîne presque aussitôt un redoublement excessif de convulsions qui attestent une énorme souffrance. Sont-ce là des spectacles à donner à un public que l'on veut disposer à la commisération envers tout ce qui souffre? Oh ! certes non, et l'on paraît l'avoir compris ; car bien que la mesure soit conservée en principe, disons, pour être juste, qu'elle est plus sagement appliquée, puisqu'il paraît que le poison n'est plus abandonné sur la voie publique, et que dès lors ce triste spectacle doit être moins fréquent.

Si le musèlement avait réellement tous les avantages que certains faits constatés, disait-on, à Berlin et rapportés par M. Renault, semblaient attester, je serais certainement le premier à le conseiller, malgré la répulsion qu'il m'inspire. Mais M. Bouley, dans son rapport lu à l'Académie de Médecine, nous dit positivement qu'il n'en est rien et que M. Renault a été trompé. Je reste donc avec toute mon antipathie pour le musèlement des chiens qui, ne transpirant à peu près que par les voies respiratoires, ont nécessairement besoin, pour que cette fonction si importante s'effectue, de pouvoir ouvrir la gueule.

L'on a bien cherché, mais en vain jusqu'ici, à trouver un moyen de museler les chiens, qui permît à l'animal d'ouvrir la bouche sans lui laisser la faculté de mordre. Notre comité s'en est occupé et m'avait même chargé de vérifier une muselière de ce genre, dont le modèle lui avait été présenté, et de lui adresser un rapport à ce sujet. Mais son inventeur, lui-même, y a renoncé, ne la trouvant pas encore suffisante.

L'impôt sur les chiens était généralement désiré, moins comme mesure fiscale que comme mesure hygiénique, et parce que l'on espérait aussi qu'elle ferait cesser l'empoisonnement ; d'une part, il n'en a rien été ; d'autre part, cette mesure n'a pas paru, jusque là, diminuer le nombre des cas de rage. Ne pourrait-on pas la modifier pour tâcher de la rendre plus efficace? L'homme ici, comme un aveugle, n'arrive le plus souvent à son but qu'en tâtonnant. Ne conviendrait-il pas peut-être d'imposer les chiennes plus que les chiens, ou mieux encore de mettre un impôt sur tous les chiens à la mamelle que l'on voudrait élever, ce qui ferait alors que l'on ne garderait que ceux ayant une destination positive?

Ajouter à cela une punition sévère contre tout propriétaire de chien qui n'aurait pas immédiatement fermé son animal, dès qu'il aurait pu s'apercevoir qu'il en mordait d'autres.

N'y a-t-il rien à faire non plus contre ceux qui, dans différentes localités, prétendent avoir un spécifique contre la morsure des animaux enragés et donnent un breuvage où l'on a trempé la clef de St-Hubert, ou font avaler une omelette? A cet effet, quand la science nous dit que, contre ces morsures, il n'est qu'un spécifique, la cautérisation; mais que ce moyen est aussi efficace qu'on puisse le désirer, pourquoi, dès lors, permettre un dangereux mensonge qui déjà a dû faire bien des victimes, en faisant négliger une vérité salutaire? S'il existe un autre moyen, qu'on le prouve et qu'on l'exploite après.

Mais j'ai vu, depuis mon enfance, un si grand nombre de ces expériences, et toutes sans résultat; tandis que de tous ceux que j'ai vu mordre, et le nombre en est grand, je n'en ai pas vu un seul devenir enragé, après cautérisation. J'ai moi-même été mordu plus d'une fois, et mon pauvre père était si convaincu de l'efficacité de ce moyen, qu'un jour, pour calmer une dame, amie de notre famille, qui avait été mordue par son chien enragé et qui s'en inquiétait outre mesure, bien qu'elle eût été convenablement cautérisée, se fit mordre par le même chien et ne fit, exactement après, que ce qu'elle avait fait elle-même.

Si nous possédons un moyen infaillible contre la morsure des animaux enragés, malheureusement il n'en est pas de même de la rage déclarée, qui est regardée comme essentiellement mortelle. Malgré cela, je ne crois pas qu'on puisse, pour l'homme surtout, s'abstenir de traitement et de recherches. Voici, à cette occasion, deux faits qui, sans être concluants, ne me paraissent pas moins dignes d'être cités et dont j'affirme l'exacte vérité.

Un homme arrive à l'Hôtel-Dieu de Lyon, présentant tous les symptômes de l'hydrophobie: il se souvenait, en outre, d'avoir été mordu, quelque temps avant, par un chien inconnu; l'interne de service, qui est aujourd'hui l'un de nos médecins les plus distingués, ne doutant pas de la rage, compose un traitement dans lequel il fait entrer l'extrait thébaïque d'opium à une si forte dose que, s'en effrayant après l'avoir administré, il conta ses scrupules à M. Bonnet, alors chirurgien-major, qui lui dit: Qu'importe? si la rage est positive; ce qu'au reste il affirma, après avoir vu le malade, comme l'avaient fait tous les médecins qui l'avaient examiné avant lui, ce qui n'empêcha pas que, quelques jours après, le malade sortait de l'hôpital complètement guéri. Alors, mais uniquement parce que la rage ne doit point donner d'exemples de guérison, l'on conclut que l'on devait s'être trompé sur la nature de la maladie.

Autre fait: Voulant constater les effets de l'ivresse sur les animaux pris de rage, j'administrai à un pauvre chien, qui ne me laissait aucun doute sur son état, à peu près une verrée ordinaire d'eau-de-vie; immédiatement après il dormit d'un profond sommeil et ne se réveilla que douze ou treize heures après; au réveil, l'animal urina abondamment et tous les symptômes de rage avaient complètement disparu. Mais comme, pour lui administrer cette verrée d'eau-de-vie, j'avais été obligé de pratiquer l'œsophagotomie, l'opération amena une large et profonde infiltration et la gangrène, dont évidemment l'animal est mort. Mais pendant les cinq jours qu'il vécut encore, je l'ai vu chaque jour, plusieurs fois, mangeant et buvant, ne cherchant plus à mordre et ayant repris sa voix ordinaire. Il vécut tout ce temps, complètement libre et détaché, au milieu de la famille de son maître.

A plus d'une reprise, j'ai voulu renouveler mon expérience, sans pratiquer l'œsophagotomie ; mais telle est la facilité du vomissement dans le chien, que chaque fois mon breuvage a été immédiatement rejeté.

M. Rey, professeur de clinique à l'Ecole vétérinaire de cette ville et l'un des membres de notre comité, a bien voulu nous communiquer, qu'à plusieurs reprises il a endormi, par le chloroforme ou l'éther, des chiens enragés ; mais que chaque fois, au réveil, tous les symptômes avaient reparu (1).

Messieurs, la question qui vient de nous occuper ici est, en ce moment, plus à l'ordre du jour que jamais : le gouvernement s'en occupe et les préfets viennent de recevoir des instructions à ce sujet ; les journaux de médecine humaine, ceux de médecine vétérinaire, nous ont fourni, depuis quelque temps, un grand nombre de documents précieux. Les Sociétés savantes s'en occupent partout, et l'Académie de médecine vient de nommer, dans son sein, une commission permanente de médecins et de vétérinaires, pour y travailler en commun, et si, pour mon compte, j'ai osé, affrontant une juste appréhension, prendre en ce jour la parole en cette réunion, c'est qu'au milieu de ce mouvement général qui a lieu partout autour de nous, et qui tend à extirper de notre sol tous ces vieux préjugés dont les racines séculaires nous enserrent de toute part, j'aurais craint d'être coupable en ne m'efforçant pas d'y travailler, en ce qui tient à ma spécialité.

Mais je m'arrête et crains d'avoir été déjà bien long. Au reste, j'espère non-seulement vous en avoir dit assez pour vous convaincre que, pour parer aux dangers de la rage, il suffit de la faire connaître, mais même pour vous avoir suffisamment éclairés à ce sujet.

---

(1) L'éthérisation a une action si fugace qu'elle ne peut avoir une grande puissance, à moins d'en prolonger les effets en faisant respirer l'éther ou le chloroforme, mélangé avec l'air, pendant longtemps, comme je l'ai fait chez un cheval, avec un plein succès, dans un cas de tétanos arrivé à un état très-avancé et au moment où l'animal allait périr suffoqué.